AF152639

BEI GRIN MACHT SICH IHR WISSEN BEZAHLT

- Wir veröffentlichen Ihre Hausarbeit,
  Bachelor- und Masterarbeit

- Ihr eigenes eBook und Buch -
  weltweit in allen wichtigen Shops

- Verdienen Sie an jedem Verkauf

Jetzt bei www.GRIN.com hochladen und kostenlos publizieren

Jens Rinneberg

Lebenszykluskosten und Management von Immobilien

Die Notwendigkeit der Anpassung von Immobilien an sich verändernde Produktlebenszyklen

GRIN Verlag

Bibliografische Information der Deutschen Nationalbibliothek:

Die Deutsche Bibliothek verzeichnet diese Publikation in der Deutschen National-
bibliografie; detaillierte bibliografische Daten sind im Internet über http://dnb.d-
nb.de/ abrufbar.

Dieses Werk sowie alle darin enthaltenen einzelnen Beiträge und Abbildungen
sind urheberrechtlich geschützt. Jede Verwertung, die nicht ausdrücklich vom
Urheberrechtsschutz zugelassen ist, bedarf der vorherigen Zustimmung des Verla-
ges. Das gilt insbesondere für Vervielfältigungen, Bearbeitungen, Übersetzungen,
Mikroverfilmungen, Auswertungen durch Datenbanken und für die Einspeicherung
und Verarbeitung in elektronische Systeme. Alle Rechte, auch die des auszugsweisen
Nachdrucks, der fotomechanischen Wiedergabe (einschließlich Mikrokopie) sowie
der Auswertung durch Datenbanken oder ähnliche Einrichtungen, vorbehalten.

Impressum:

Copyright © 2008 GRIN Verlag GmbH
Druck und Bindung: Books on Demand GmbH, Norderstedt Germany
ISBN: 978-3-640-13462-5

Dieses Buch bei GRIN:

http://www.grin.com/de/e-book/112952/lebenszykluskosten-und-management-von-
immobilien

GRIN - Your knowledge has value

Der GRIN Verlag publiziert seit 1998 wissenschaftliche Arbeiten von Studenten, Hochschullehrern und anderen Akademikern als eBook und gedrucktes Buch. Die Verlagswebsite www.grin.com ist die ideale Plattform zur Veröffentlichung von Hausarbeiten, Abschlussarbeiten, wissenschaftlichen Aufsätzen, Dissertationen und Fachbüchern.

Besuchen Sie uns im Internet:

http://www.grin.com/

http://www.facebook.com/grincom

http://www.twitter.com/grin_com

Rinneberg, Jens

Wissenschaftliche Arbeit im Rahmen einer Dissertation.

Thema:

Lebenszykluskosten und Management von Immobilien.
Die Notwendigkeit der Anpassung von Immobilien an sich verändernde
Produktlebenszyklen.

Betrachtungen zu Abhängigkeiten und Beeinflussungen der Lebenszykluskosten von
Immobilien.

Kurzfassung

Betrachtung der Lebenszykluskosten von Immobilien. Durch den Kostendruck auf den
Kostenträger und dem Einfluss des technologischen Wandels auf Immobilien nimmt die
strategische Bedeutung der Lebenszykluskostenberechnung, immer mehr zu. In nachfolgender Bearbeitung werden die aktuellen Kostenstrukturen und deren Grundlage aus
DIN und GEFMA – Richtline benannt. Dabei wird die Basis der Lebenszyklusrechnung
untersucht. Weiterhin werden die Abhängigkeiten und die Beeinflussung der Lebenszyklusrechnung zu Immobilien herausgestellt.

Inhaltsverzeichnis

1. Einleitung

Die Mobilität von Geräten ermöglicht neue Formen des Arbeitens. Mobiles Arbeiten mit Laptop im Zug, Hotel, auf der Parkbank oder von zu Hause. Werden traditionelle Büros überflüssig, weil man im Prinzip überall arbeiten kann? Werden die veränderten technologischen Anforderungen neue Anforderungen an Unternehmensimmobilien stellen?

In einer zunehmenden dynamischen Arbeitswelt, wesentlich bedingt durch den technischen Fortschritt und die Globalisierung der Märkte, wird die Innovationsdynamik zu einem zentralen Wettbewerbsfaktor für Unternehmen. Die Verbesserung der Rendite und die Optimierung von Prozessen in Unternehmen werden in der nächsten Zeit vorrangige Themen sein.

Beim Bau von neuen Unternehmensstandorten stehen die volks- und betriebswirtschaftlichen Standorteigenschaften im Vordergrund. Weiterhin sind es die bau- und produktionstechnischen Eigenschaften und der zu zahlende Kaufpreis des Grundstückes. Aber im Laufe der Zeit ändern sich die Anforderungen an ein Gebäude erheblich. Der Grund liegt in den sich entwickelnden Produktionsverfahren und – methoden oder den infrastrukturellen Anforderungen. Dass Änderungen eintreten, ist umso wahrscheinlicher, je größer der zeitliche Betrachtungsrahmen ist.
Die Technologien und Personen ändern sich, die Immobilie bleibt erhalten.

Der Kostenblock Planung Neubau und vor allem der Betrieb der genutzten Immobilien geraten ins Visier der Inhaber. Zwar können Kosten schon in der Planungsphase beeinflusst werden, aber ein großer Teil der Bestandsimmobilien kommt aus vergangen Jahrzehnten. Der Standort und die Produktionsstätte werden von Unternehmen oft als unveränderlich angesehen. Der strategische Ansatz, Unternehmensressource Immobilie als Bedeutung für den Unternehmenserfolg. Fertigungsstätten / Industrieimmobilien müssen über den gesamten Lebenszyklus einen optimalen Standort darstellen. Bei Bestandsimmobilien ist eine Standortbestimmung zur ökonomischen Gebrauchstauglichkeit notwendig.
Ökonomische Zweckmäßigkeit und Gebrauchstauglichkeit stehen neben der Überprüfung der Wirtschaftlichkeit hinsichtlich langfristiger Unternehmensinteressen als bedeutende Faktoren des Unternehmenserfolges. Gebäude und Immobilien der Vergangenheit weisen die höchste Produktlebensdauer aus. Einerseits besteht die Notwendigkeit der Lebenszyklusbetrachtung von Immobilien mit der ökologischen Betrachtung über Baustoffe und auch Lebenszykluskosten. Andererseits nimmt die Bedeutung von Immobilien in sich verändernden Produktlebenszyklen auf die Ökonomie in der Wertschöpfung von Unternehmen zu.
Es ist ein Einklang von langfristigen Unternehmensinteressen und Immobilie herzustellen!

2. Stand der Immobilien- Lebenszykluskostenrechnung

Die Länge der Lebensdauer einer Immobilie stellt eine Herausforderung bei der Berechnung der Lebenszykluskosten dar. Die GEFMA hat einen Entwurf zur Berechnung der Lebenszykluskosten im Facility Management (FM) erarbeitet.
Die Lebenszykluskosten stellen die Summe aller über den Lebenszyklus von Facilities anfallenden Kosten (Kosten im Hochbau, Projektkosten, Nutzungskosten und Leerstandskosten) dar[1].
Das Ziel bei der Lebenszykluskostenrechnung nach GEFMA 220 – 1ist, die langfristig kostengünstigste, und damit die unter ökonomischen Gesichtspunkten nachhaltigste Handlungsalternative zu bestimmen.

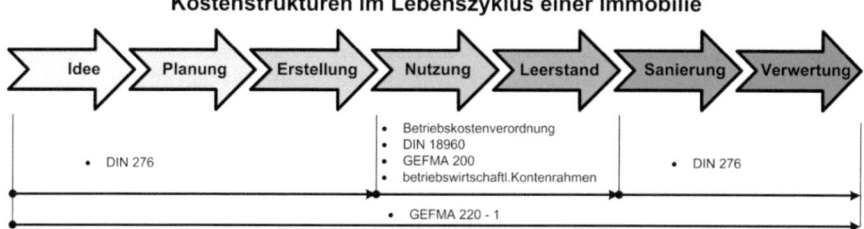

Abb. 1: Kostenstrukturen im Immobilienlebenszyklus

Man kann aber eine Lebenszykluskostenrechnung nicht über den gesamten Lebenszyklus erstellen, wenn man Produktlebenszyklen als Kostenträger, eventuelle Nutzungsänderungen und steuerliche Aspekte unberücksichtigt lässt.
Zusätzlich ist eine Verknüpfung der Kosten:
- Entstehung DIN 276 (Kostenplanung)
- Bewirtschaftung GEFMA 200
- Betriebskostenverordnung
- Bewirtschaftung nach DIN 18960 (Nutzungskosten im Hochbau)
- Lebenszykluskosten nach GEFMA 220
- Standardkontenrahmen nach betriebswirtschaftlichen und steuerlichen Regeln
nicht gesichert.

Auch wenn der Betrachtungszeitraum bis zur ersten Nutzungsänderung gewählt wird, ist eine durchgängige Betrachtung der Lebenszykluskosten nicht geregelt möglich.
Markantes Merkmal der Praxis der Unternehmensrechnung im Immobilienbereich ist das Fehlen einer allgemein anerkannten und angewendeten immobilienbezogenen Kostenrechnung.[2] Auch eine Berechnung der Lebenszykluskosten ist, trotz Vorhandensein von Berechnungsprogrammen, derzeit nicht einheitlich geregelt.[3]
Sicherlich eröffnet die Ausnutzung des Wahlrechtes zur immobilienbezogenen Kostenrechnung auch individuelle Spielräume.

---

[1] GEFMA 200 – 1 : 2006
[2] Schäffer-Pöschel, Enzyklopädie der Betriebswirtschaftslehre, Stuttgart 2002
[3] Andrea Pelzer, Lebenszykluskosten von Immobilien, Rudolf MüllerGmbH & Co KG, Köln 2006

3

3. Interessenten für Lebenszykluskosten von Immobilien

In nachfolgender Abbildung 2 sind die Hauptakteure um die Immobilie zusammengestellt. Durch unterschiedliche Konstellationen beim Betrieb von Immobilien entstehen schnell verschiedene Interessen. Es ist schwer vorstellbar, dass Mieter mit einem kurzfristigen Mietvertrag die gesamten Lebenszykluskosten interessieren. Diese wollen über die Eignung der Immobilie für ihren Nutzungszweck hinaus möglichst geringe Betriebskosten. Niedrige Betriebskosten können aber auch einen Wettbewerbsvorteil bei der Vermietung darstellen.

Bei einer Betrachtung von Unternehmen mit Bewirtschaftung und Nutzung von Immobilien aus eigenem Anlagevermögen ist das Interesse an einer ganzheitlichen Betrachtung der Immobilienkosten am stärksten ausgeprägt. Hier ist die Optimierung der Immobilienkosten mit Prüfung auf Rückkopplung zu den Kernprozessen auch Ressource.

Bei einer fremdfinanzierten Immobilie sind die Absicherung des Finanzierungsrahmens und die Darlehnsrückzahlung für die Finanziers von vornehmlichem Interesse. Aber das Interesse der Finanziers der Immobilie über abgesicherte Lebenszykluskosten sollte nicht vernachlässigt werden, denn die Erhöhung der Betriebskosten kann bei einer grenzwertigen Finanzierung den Finanzplan unplanmäßige strapazieren.

Sehr wahrscheinlich werden die Lebenszykluskosten bei der Erlangung einer Zertifizierung von Immobilien z.B. für Fonds eine Rolle spielen.

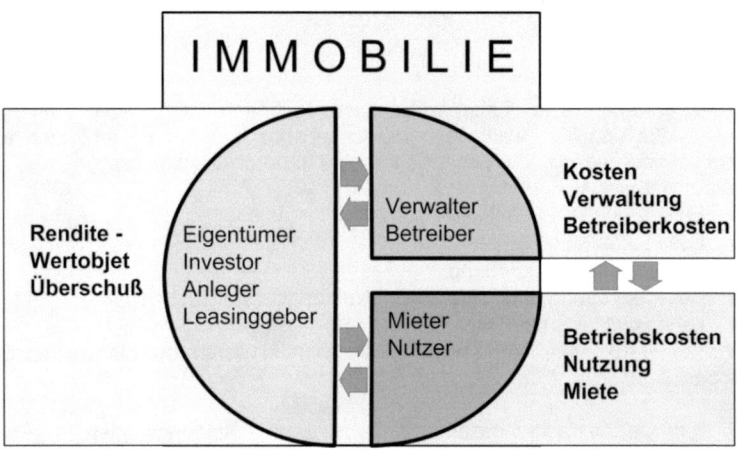

Abb. 2: Interessengruppen um die Immobilie

4. Veränderungen im Immobilienlebenszyklus

Die Berechnung der Lebenszykluskosten empfiehlt sich zur Vorbereitung von Investitionsentscheidung, d.h. speziell bei Idee, Planung und Sanierung. Grundsätzlich können die Lebenszykluskosten jedoch an jedem Phasenübergang Entscheidungshilfen anbieten[4]. Der Entwurf zur Lebenszykluskostenberechnung der GEFMA sieht 9 Phasen vor. In nachfolgender Abbildung 3 sind die Phasen Vermarktung und Beschaffung nicht dargestellt, weil diese Phasen bei unternehmenseigenen Immobilien durch den Eigenbedarf abgelöst werden.

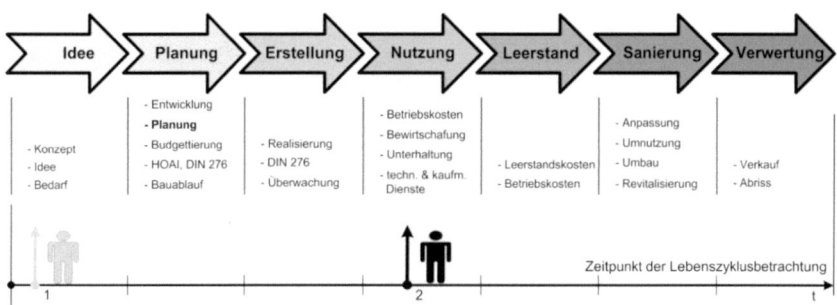

Abb. 3: Phasen im Immobilienlebenszyklus

Die Produkte des Kerngeschäftes durchlaufen ebenfalls eine Lebenszyklusphase. Dieser Produktlebenszyklus stellt in den unterschiedlichen Phasen spezifische Anforderung an die Immobilie. Damit diese Rahmenbedingungen geschaffen werden können, muss sich das Gebäude den Anforderungen anpassen.
Im Idealfall hat man alle Eventualitäten berücksichtigt und sich durch eine detaillierte strategische Analyse auf Veränderungen vorbereitet. Die Absicherung aller Eventualitäten geht meistens zu Lasten der Investition. Bei einem überschaubaren Produktlebenszyklus sind Veränderungen durch neue Nutzungsanforderungen vorhersehbar, aber nicht vermeidbar.

---

[4] GEFMA 220 – 1 : 2006

5. Die Abhängigkeit der Lebenszykluskosten

Obwohl die Erstellungskosten für Immobilien zunächst relativ hoch erscheinen, nehmen sie an den Lebenszykluskosten nur einen Anteil von 10 – 25 % der Lebenszykluskosten[5] ein. Dies bedeutet, dass nach ca. 4-12 Jahren, je nach Nutzungsart, z. B. Produktionsgebäude 10 Jahre, die Baunutzungskosten die Erstellungskosten übersteigen.[6] Betrachtet man sich die Tabellen 1 und 2 lässt sich der Trend ableiten, dass die Betriebskosten eher die Investitionskosten übersteigen.

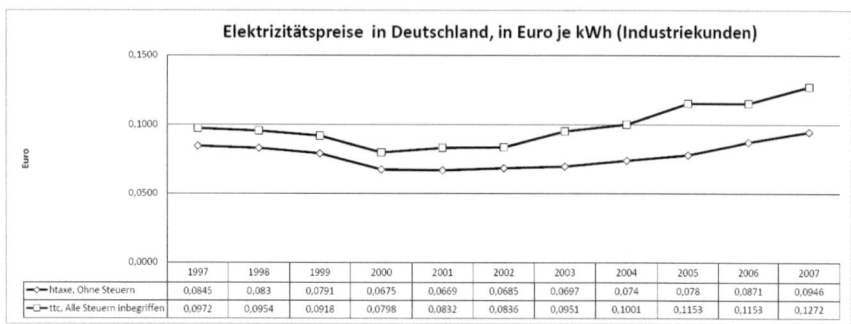

Tab. 1: Elektroenergiepreis der letzten 10 Jahre in Deutschland[7]

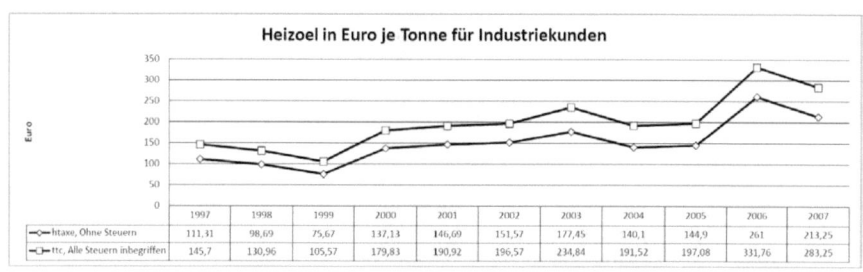

Tab. 2: Heizölpreise der letzten 10 Jahre in Deutschland[8]

Mit der neuen EnEV (Energieeinsparverordnung bzw. Verordnung über energiesparenden Wärmeschutz und energiesparende Anlagentechnik bei Gebäuden) verfolgt die Bundesregierung das Ziel, den Ausstoß von CO_2 bis 2020 um 20% zu verringern. Diese Forderungen sind zukünftig bei den Investitionskosten zu berücksichtigen.

Die Forderung der Berücksichtigung der EnEV beim Bauantrag und perspektivisch der Lebenszykluskostenrechnung beansprucht zunehmend auch betriebswirtschaftlichen Sachverstand beim bauantragstellenden Planungsbüro. Bei den in dieser Phase getroffenen Entscheidungen liegt die Konsequenz über die Kosten für den Energieverbrauch.

---

[5] Vgl. GEFMA
[6] Vgl. GEFMA, Helbig Management Consalting (HMC), Brascher/Hertzer, 1995, S.16
[7] Daten zur Tabelle von Eurostat, Link: http://epp.eurostat.ec.europa.eu
[8] Daten zur Tabelle von Eurostat, Link: http://epp.eurostat.ec.europa.eu

Bei einer Befragung[9] von 35 mittelständischen Unternehmen taten sich fast alle Ansprechpartner schwer, den Anteil immobilienbezogener variabler und fixer Kosten an bestimmten Produkten festzustellen. Insbesondere bei der Frage nach Beeinflussung der Herstellungskosten von bestimmten Produkten, resultierend aus strategischen Veränderungen an Immobilien und Immobilienbestand, wurde Verbesserungspotential erkannt. In Deutschland werden Gebäude innerhalb von fünfundzwanzig und fünfzig Jahren steuerlich abgeschrieben. Dabei ist die tatsächliche Nutzungsdauer von Unternehmensimmobilien mit durchschnittlich 53 Jahren anzunehmen.[10] Der aktuelle Verkehrswert von Immobilien deutscher Unternehmer liegt oft um ein vielfaches über dem bilanzierten Wert der jeweiligen Grundstücke.[11] Insbesondere bei diesen geht eine umfassende Betrachtung der Immobilienbewirtschaftung gegenüber der Effizienz aus unternehmerischer Sicht einher.

Die GEFMA hat in Ihrem Entwurf zur Berechnung der Lebenszykluskosten die Produktzyklen der Kostenträger nicht berücksichtigt.

Die Auskömmlichkeit des Preises richtet sich nach dem jeweiligen Unternehmen und den entsprechenden Kostenstrukturen.

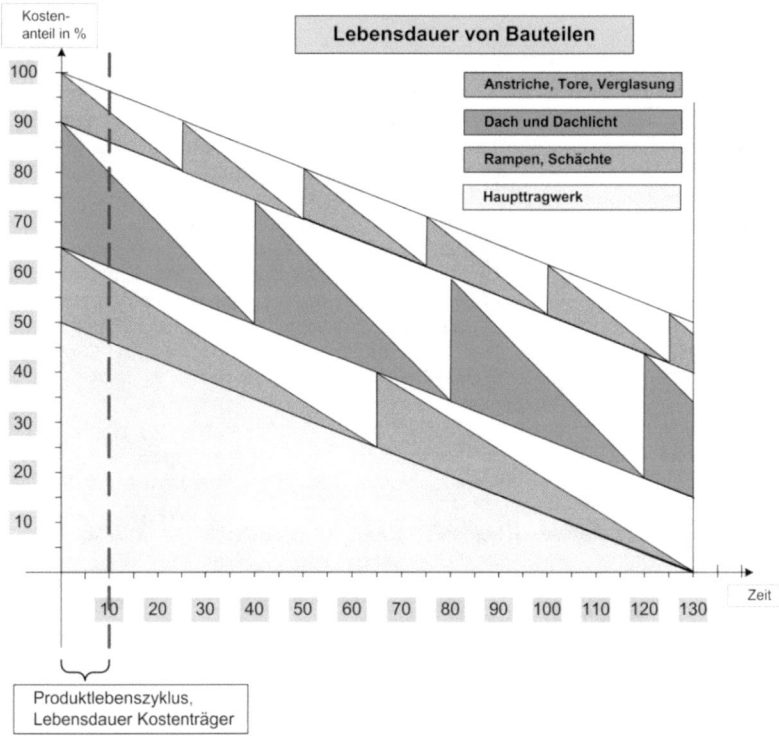

Abb. 4: Bauteillebensdauer und Produktlebenszyklus

---

[9] Masterthese Jens Rinneberg, 2004
[10] Vgl. Pilz (1999): Potentiale, S. 60
[11] Vgl. Schulte/Hupach (1999), Immobilienwirtschaft S.5

Das übergeordnete Ziel eines Unternehmens ist die fortlaufende Realisierung der Wertschöpfung. Die Aufrechterhaltung des Produktionsprozesses und die Akzeptanz im Markt sind die Grundvoraussetzungen.

Bei der Entwicklung des Target Costing wurde empirisch nachgewiesen, dass ca. 80-90 % der Herstellkosten eines Produktes vor Beginn der eigentlichen Produktion festgelegt werden. Das spätere Wertegefüge hängt also von der Qualität der Leistung in den frühen Phasen ab. Dies gilt insbesondere für Gebäude, bei denen sich nach Errichtung, Abnahme und Inbetriebnahme i.d.R. eine relativ lange Nutzungsdauer anschließt.[12] In der Abbildung 4 ist in Anlehnung an ein 2007 - 2008 für ein Industrieunternehmen realisiertes Bauvorhaben die Bauteillebensdauer[13] dargestellt. In dieser Abbildung erkennt man die Überschneidung von Produktlebenszyklus und Bauteillebensdauer.

6. Die Beeinflussung der Lebenszykluskosten

Die Immobilie ist ein bedeutender Vermögensgegenstand und Produktionsfaktor innerhalb der strategischen Unternehmensführung. Als dieses werden Immobilien nur selten erkannt. Dies lässt sich darauf zurückführen, dass immobilienbezogene Maßnahmen nach Ansicht vieler Unternehmensführer nicht zum Kerngeschäft zählen. Selten gehen immoblienspezifische Aktivitäten aus strategischen Planungsprozessen hervor. Somit wird strategisches Erfolgspotential vergeudet.
Es besteht zunehmend die Notwendigkeit der Verknüpfung des strategischen Managements von Unternehmen mit dem Immobilienmanagement.
Die Schaffung einer Bewertungsmethode zur Aussage über den Zusammenhang von Investitions-, Betriebs- und Nutzungskosten aus betrieblichen Entscheidungen wie Umorganisation, Outsourcing, Nutzungsänderung, Umbaumaßnahmen oder ähnlichem ist die Grundlage der gezielten Beeinflussung der Lebenszykluskosten. Diese Bewertungsmethode muss eine funktionale / prozessorientierte Sicht und eine gebäude- / nutzungseinheitenübergreifende Sicht ermöglichen.

Durch die Schaffung einer Möglichkeit zur Investitionsvorgabe, wie z.B. maximale Investitionssumme, maximale monatliche Bewirtschaftungskosten oder eines Investitionszieles, wie z.B. Energiesenkung, wird eine Zielvorgabe zur Beeinflussung der Lebenszykluskosten gestellt. Diese Vorgabe kann man aus dem Rückschluss für die erwirtschaftungsfähigen Kosten des Produktes / Kostenträger erhalten.
Eine Verknüpfung und der Übergang von operativem und strategischem Immobiliencontrolling in Abhängigkeit zu zeitlichen Standpunkten (siehe Abbildung 3) im Lebenszyklus von Immobilien ist notwendig.

Es wird notwendig sein, die Kosten für jeden Produktionsraum oder jede Fläche im Unternehmen in einem verallgemeinerungsfähigen Schlüssel zu erfassen und einer oder mehreren Kostenstellen zuzuordnen bzw. über Umlageschlüssel zu verteilen. Daraus resultierend soll die Möglichkeit geschaffen werden, eine Berechnung der Wirtschaftlichkeit von Gebäuden / Immobilien / Flächen unter besonderer

---

[12] Grabatin, Betriebswirtschaft für Facility Management, 2001, S. 149
[13] Bundesministerium für Verkehr, Bau und Stadtentwicklung, Info – Blatt Nr.42, 2006

Berücksichtigung der Nutzung bzw. Bewirtschaftung und ihrer strategischen Bedeutung im jeweiligen Lebenszyklus zu tätigen.

Durch den Kostendruck auf den Kostenträger und den Einfluss des technologischen Wandels auf Immobilien nimmt die strategische Bedeutung der Lebenszykluskostenberechnung immer mehr zu.
Ein aktives Immobilienmanagement und wertorientierte Ansätze besitzen eine vergleichsweise hohe Relevanz.

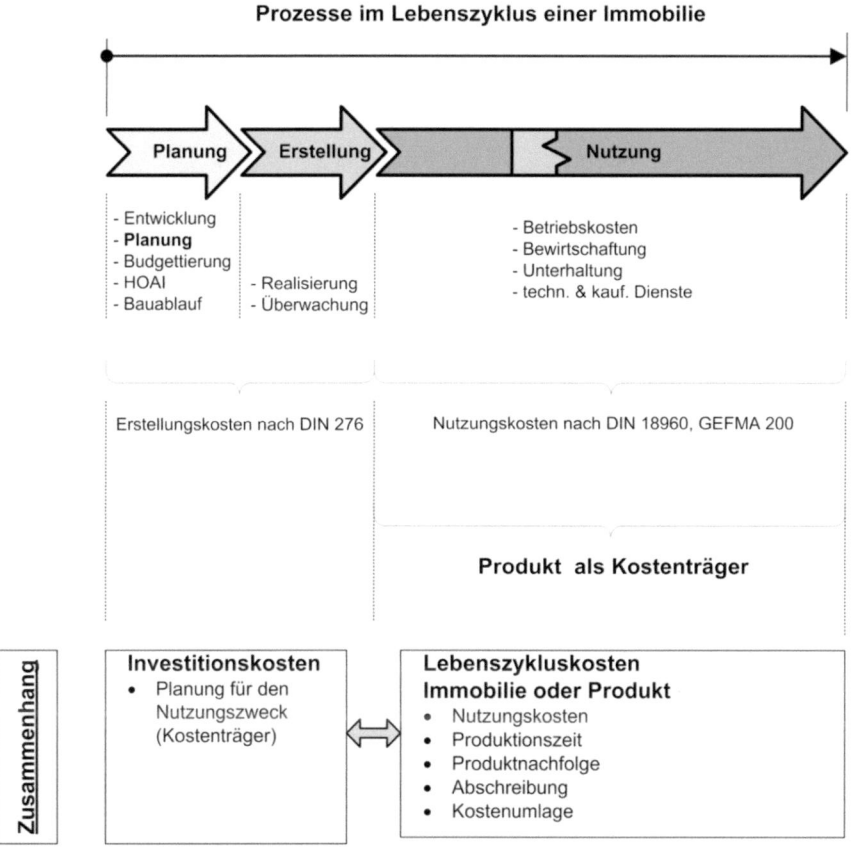

Abb. 5: Die ersten Phasen im Immobilienlebenszyklus

Da die Immobilie zur Absicherung der Prozesse aus dem Kerngeschäft erworben oder erstellt wurde, stehen Amortisationsrechnungen im Konflikt mit Verhältnisrechnungen von Investition und Einsparung. Will man über den gesamten Lebenszyklus der Immobilie gesehen ein Maximum an finanziellen Erfolg absichern, kommt man an strategischen Betrachtungen um die Immobilie nicht vorbei. Dabei sind unterschiedliche Szenarien durchzurechnen. Dabei muss man sich mit der Berechnung an unterschiedliche Zeitpunkte des Immobilienlebenszyklus stellen.

Investitionsrechnungen sind unter Berücksichtigung des Barwertes für langfristige Einsparungen durchzuführen. Beispielhaft sind die Möglichkeiten zur Einsparung der Aufwendungen für Wärmeerzeugung und des Stromverbrauches benannt.

In der in Abbildung 5 dargestellten Phase der Planung wird der Grundstein für die Lebenszykluskosten gelegt. In dieser Phase ist die höchste Beeinflussbarkeit der gesamten Lebenszykluskosten gegeben. Die Planung muss sich durch Anpassungsfähigkeit an verschiedene Strategien auszeichnen. Die Bauteilauswahl unter Berücksichtigung von Lebensdauer, Nutzungsdauer, Wartungsaufwendungen, Verschleiß, Betriebskosten und geplanter Veränderungen bietet enormes Einsparungspotential.

7. Zusammenfassung

Die Berechnung der Lebenszykluskosten empfiehlt sich zur Vorbereitung von Investitionsentscheidungen, d.h. speziell bei Idee, Planung und Sanierung. Bei einer Betrachtung von Unternehmen mit Bewirtschaftung und Nutzung von Immobilien aus eigenem Anlagevermögen ist das Interesse an einer ganzheitlichen Betrachtung der Immobilienkosten am stärksten ausgeprägt. Die Produkte des Kerngeschäftes durchlaufen ebenfalls eine Lebenszyklusphase. Dieser Produktlebenszyklus stellt in den unterschiedlichen Phasen spezifische Anforderung an die Immobilie. Damit diese Rahmenbedingungen geschaffen werden können, muss sich das Gebäude den Anforderungen anpassen.

Eine Betrachtung der gesamten Lebenszykluskosten von Immobilien ist nicht ohne Betrachtung der strategischen Ausrichtung der Immobilie möglich.

Die Schaffung einer Bewertungsmethode zur Aussage über den Zusammenhang von Investitions- Betriebs- und Nutzungskosten aus betrieblichen Entscheidungen wie Umorganisation, Outsourcing, Nutzungsänderung, Umbaumaßnahmen oder ähnlichem ist die Grundlage der gezielten Beeinflussung und des Controlling der Lebenszykluskosten.

8. Literatur

[1] Schäfers, Wolfgang; Strategisches Management von Unternehmensimmobilien, Verlagsgesellschaft Rudolf Müller, Köln 1997

[2] Schulte, Karl Werner; Schäfer, Wolfgang; Handbuch Corporate Real Estate Management, Immobilien Informationsverlag, 2. Aufl., Köln 2004

[3] Univ.-Prof. Dipl.-Ing. Dr. techn. Ueli Walder, Antrittsvorlesung Technische Universität Graz am 7. Mai 2004

[4] Franke/Zanner, Die Immobilie, Werner Verlag, München 2004

[5] Ebner, Frank F., Entbehrlichkeitsprüfung für industrieelle Standorte im betrieblichen Liegenschaftsmanagement, Dissertation, Oktober 2000

[6] Lutz, Ulrich; Klaproth Thomas; Risikomanagement im Immobilienbereich; Springer Verlag Berlin Heidelberg 2004

[7] Achammer, Christoph M.; Risiko Industriebau Euro und andere Werte; Praxisreport; Springer-Verlag Wien 2004

[8] Pfnür, Adreas, Modernes Immobilienmanagement, 2. Auflage, Springer-Verlag Berlin Heidelberg 2004

[9] Schäfers, Wolfgang, Strategisches Management von Unternehmensimmobilien, Diss. 1996 EUROPEAN BUSINESS SCHOOL, Verlagsgesellschaft Rudolf Müller, Köln 1997

[10] Sauter, Ralf; Marktorientierte Steuerung der Gemeinkosten im Rahmen des Target Costing, Dissertation Universität Stuttgart 2002

[11] Zantow, Dirk; Prozeßorientierte Bewertung von Produktionsstandorten in Produktionsnetzwerken, Dissertation Universität Dortmund, Verlag Praxiswissen Dortmund 2000

[12] Weisner, Geoffery; Strategie-Controlling und Erklärung des Shareholder Value auf Basis eines Balanced-Scorecard-Modells, Diss. 2003 Universität Magdeburg, Verlag Dr. Kovac´ in Hamburg 2003

[13] Fickert/Meyer, Strategie – Controlling; Schriftenreihe des Verbandes diplomierter Buchhalter, Controller; Bd.6; 1999

[14] Diederichs, Claus Jürgen, Immobilienmanagement im Lebenszyklus, Springer Verlag 2005

[15] Pelzeter, Andrea; Lebenszykluskosten von Immobilien, Rudolf Müller GmbH & Co. KG, Köln 2006

[16] Homann, Klaus; Immobiliencontrolling, Deutscher Universitätsverlag, Wiesbaden 2004

[17] Popp, Katja; Strategisches Facility Management zur Steigerung des Shareholder Values, Fraunhofer IRB Verlag; Stuttgart 2001

[18] Grabatin, Günther, Betriebswirtschaft für Facility Management, TAW Verlag; Wuppertal 2001

[19] Metzner, Steffen; Erndt, Antje; Moderne Instrumente des Immobiliencontrolling, verlag Wissenschaft und Praxis Dr. Brauner GmbH, Sternfels 2006

[20] Noltemeier, Stefan; Zur Konzeption monetärer Anreizsysteme für das Target Costing, Universität Saarbrücken 2003

[21] Goldbach, Maria; Koordination von Wertschöpfungsketten durch Target Costing und Öko-Target Costing, Dissertation Universität Oldenburg, 2003

[22] Pierschke, Barbara; Die organisatorische Gestaltung des betrieblichen Immobilienmanagements, Dissertation Europ. Business School 2001

[23] Hungenberg, Harald, Strategisches Management in Unternehmen, 3. Auflage, Gabler Verlag, Wiesbaden 2004